Do It Yourself HOMESCHOOL RESOURCES

Copyright Information

Do It YOURSELF Homeschool journal, and electronic printable downloads are for Home and Family use only. You may make copies of these materials for only the children in your household.

All other uses of this material must be permitted in writing by the Thinking Tree LLC. It is a violation of copyright law to distribute the electronic files or make copies for your friends, associates or students without our permission.

For information on using these materials for businesses, co-ops, summer camps, day camps, daycare, afterschool program, churches, or schools please contact us for licensing.

Contact Us:

The Thinking Tree LLC

617 N. Swope St. Greenfield, IN 46140. United States

317.622.8852 PHONE (Dial +1 outside of the USA) 267.712.7889 FAX

www.DyslexiaGames.com

jbrown@DyslexiaGames.com

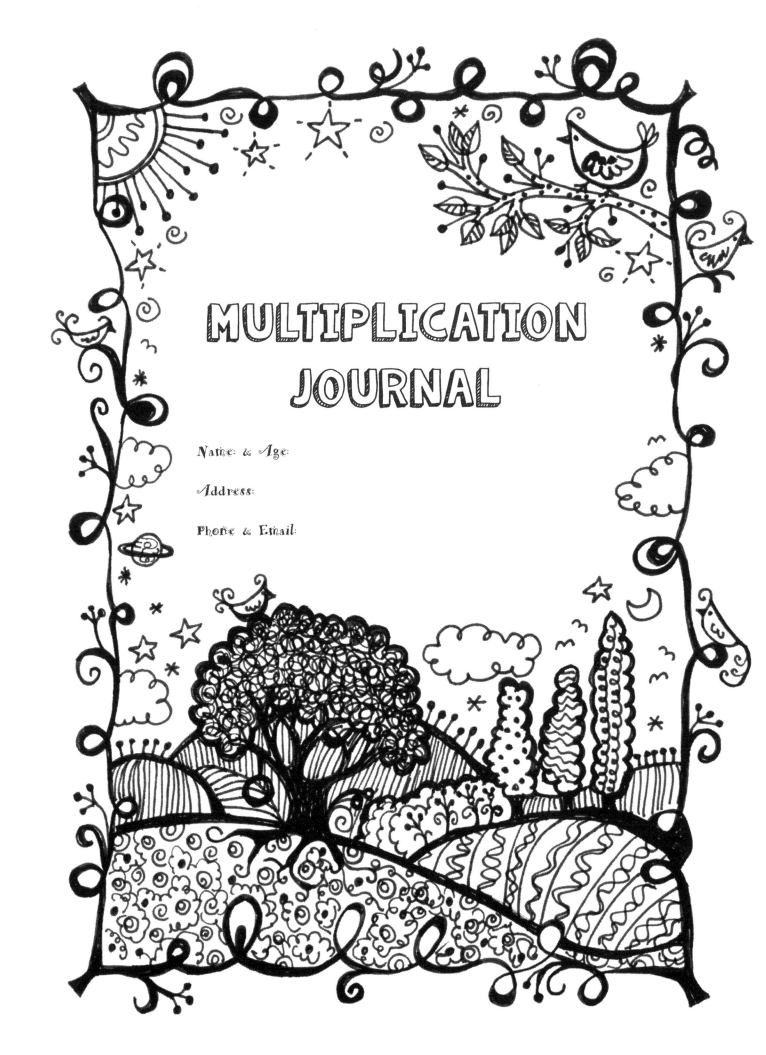

Multiplication Time

Provide the student with a sharp pencil, eraser, a set of sharp colored pencils and a smooth black pen. The student will be able to use logic intuitively to complete each mind game, art game or puzzle. Use one or more pages per day. Provide the student with a peaceful place to work and be available to encourage the student if needed.

Additional art games and activities are found on many pages to keep the creative area of the mind engaged in the mathematical process.

Complete the Multiplication Table

	2	3	4	5	6	7	8	9	10
2									
3									
4									
5									
6									
7									
8									
9									
10									

MATH IS EVERYWHERE!

Complete the Multiplication Table

	2	3	4	5	6	7	8	9	10
2									
3									
4									
5									
6									
7									
8									
9									
10									

There are 10 items missing on this page.
Can you figure out what they are and draw them?

Complete the Multiplication Table

	2	3	4	5	6	7	8	9	10
2									
3									
4									
5									
6									
7									
8									
9									
10									

Use logic to complete each puzzle.

Complete the Multiplication Table

	2	3	4	5	6	7	8	9	10
2									
3									
4									
5									
6									
7									
8									
9									
10									

Use logic to complete each puzzle.

1	2	3	4		6	7	8	9	10
11	12	13	14		16	17	18	19	20
21	22	23	24		26	27	28	29	30
31	32	33	34		36	37	38	39	40
41	42	43	44		46	47	48	49	50
51	52	53	54		56	57	58	59	60
61	62	63	64		66	67	68	69	70
71	72	73	74		76	77	78	79	80
81	82	83	84		86	87	88	89	90
91	92	93	94		96	97	98	99	100

Complete the Multiplication Table

	2	3	4	5	6	7	8	9	10
2									
3									
4									
5									
6									
7									
8									
9									
10									

Use logic to complete each puzzle.

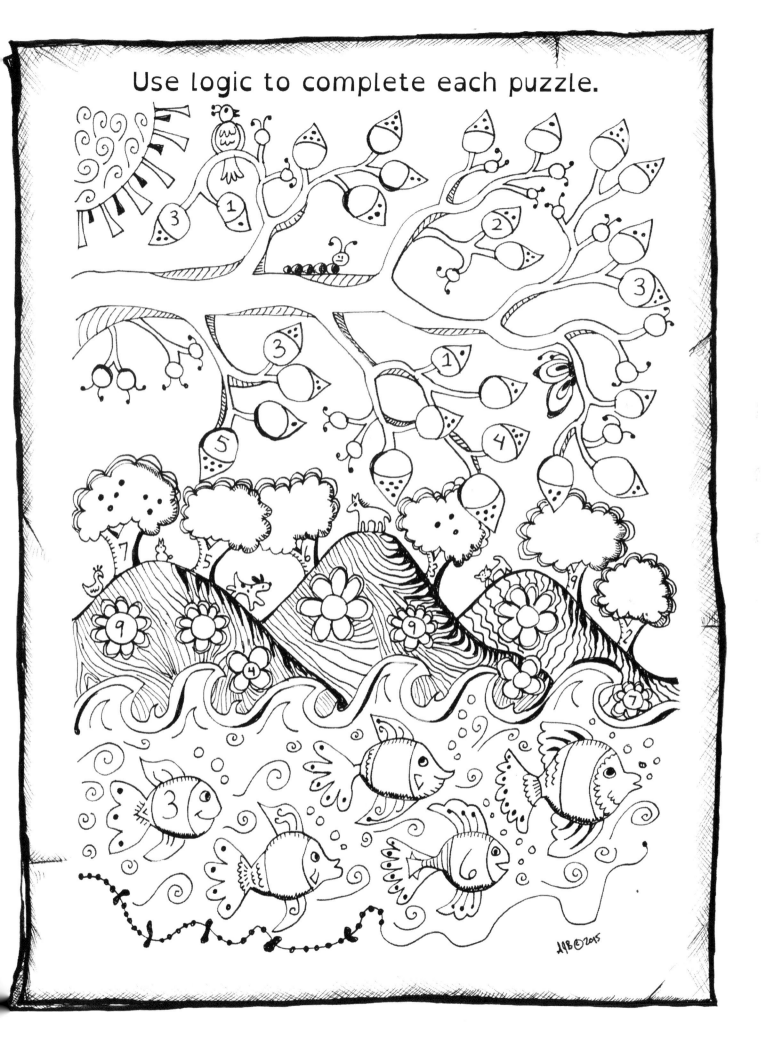

Complete the Multiplication Table

	2	3	4	5	6	7	8	9	10
2									
3									
4									
5									
6									
7									
8									
9									
10									

Use logic to complete each puzzle.

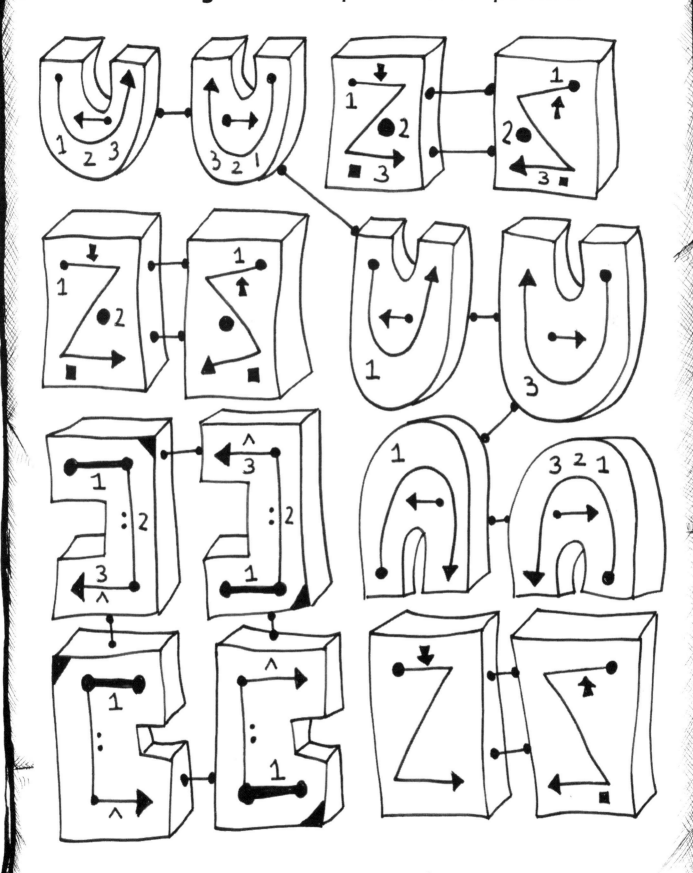

Complete the Multiplication Table

	2	3	4	5	6	7	8	9	10
2									
3									
4									
5									
6									
7									
8									
9									
10									

Use logic to complete each puzzle.

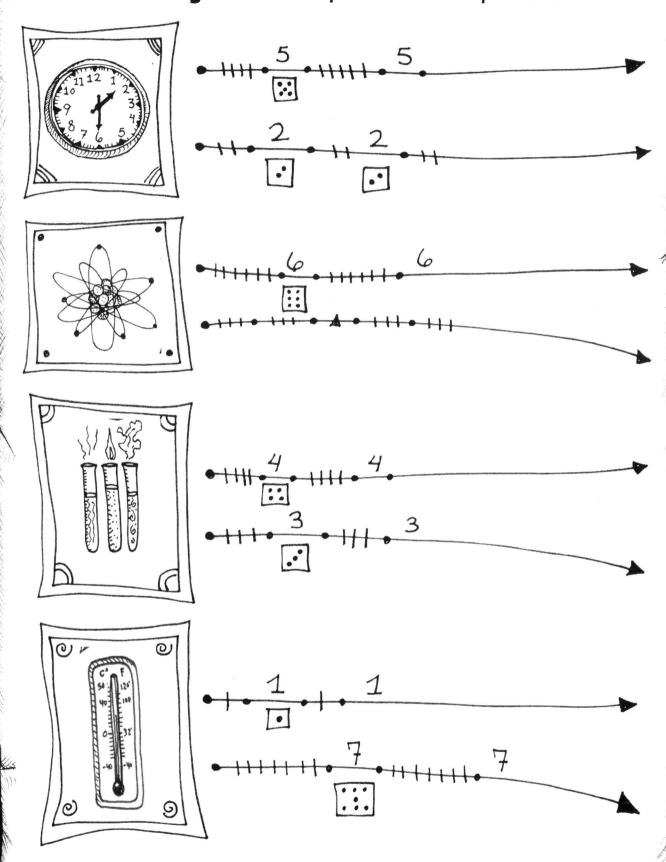

Complete the Multiplication Table

	2	3	4	5	6	7	8	9	10
2									
3									
4									
5									
6									
7									
8									
9									
10									

Use logic to complete each puzzle.

1	2	3	4	5	6	7	8	9	
11	12	13	14	15	16	17	18		20
21	22	23	24	25	26	27		29	30
31	32	33	34	35	36		38	39	40
41	42	43	44	45		47	48	49	50
51	52	53	54		56	57	58	59	60
61	62	63		65	66	67	68	69	70
71	72		74	75	76	77	78	79	80
81		83	84	85	86	87	88	89	90
	92	93	94	95	96	97	98	99	100

Complete the Multiplication Table

	2	3	4	5	6	7	8	9	10
2									
3									
4									
5									
6									
7									
8									
9									
10									

Use logic to complete each puzzle.

Sun
Moon
Star
S _ _ _

S _ _
M _ _ _
Planet
Astroid
Comet

P _ _ _ _ t
A _ _ _ _ _ _
C _ _ _ _ _

9, 18, 27, 36, 45, 54, 63, 72, 81, 90, 99, 108, 117

9, 18, 27, 54, 81, 117

$9 \times 1 = 9$
$9 \times 2 = 18$
$9 \times 3 = 27$
?
$9 \times 4 = $ _
?
$9 \times 5 = $ _
$9 \times 6 = $ _
?
$9 \times 7 = $ _
?
$9 \times 8 = $ _

Complete the Multiplication Table

	2	3	4	5	6	7	8	9	10
2									
3									
4									
5									
6									
7									
8									
9									
10									

Use logic to complete each puzzle.

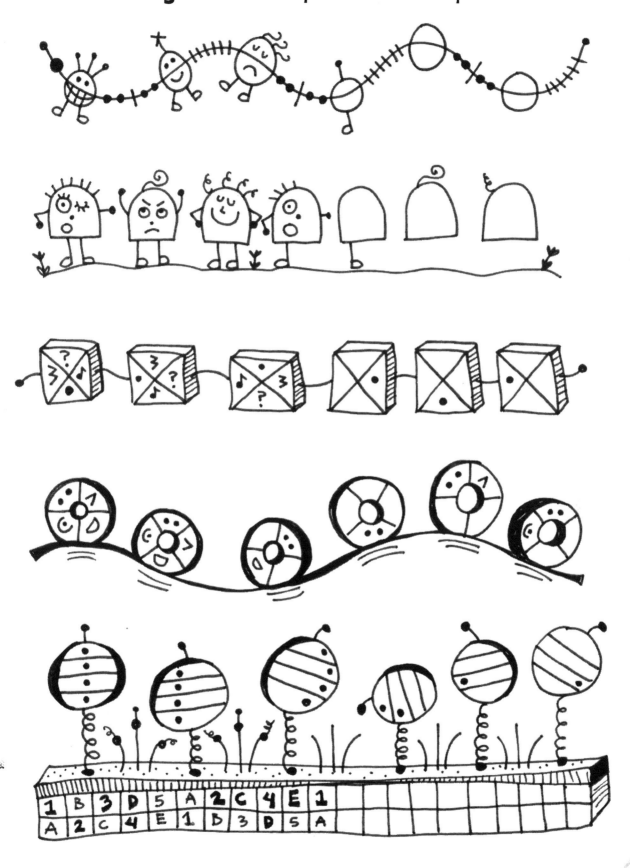

Complete the Multiplication Table

	2	3	4	5	6	7	8	9	10
2									
3									
4									
5									
6									
7									
8									
9									
10									

Use logic to complete each puzzle.

1	2	3	4		6	7	8	9	
11	12	13	14		16	17	18	19	
21	22	23	24		26	27	28	29	
31	32	33	34		36	37	38	39	
41	42	43	44		46	47	48	49	
51	52	53	54		56	57	58	59	
61	62	63	64		66	67	68	69	
71	72	73	74		76	77	78	79	
81	82	83	84		86	87	88	89	
91	92	93	94		96	97	98	99	

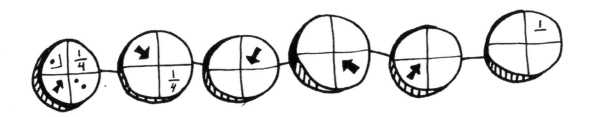

Complete the Multiplication Table

	2	3	4	5	6	7	8	9	10
2									
3									
4									
5									
6									
7									
8									
9									
10									

Use logic to complete each puzzle.

Complete the Multiplication Table

	2	3	4	5	6	7	8	9	10
2									
3									
4									
5									
6									
7									
8									
9									
10									

Use logic to complete each puzzle.

Complete the Multiplication Table

	2	3	4	5	6	7	8	9	10
2									
3									
4									
5									
6									
7									
8									
9									
10									

Use logic to complete each puzzle.

Complete the Multiplication Table

	2	3	4	5	6	7	8	9	10
2									
3									
4									
5									
6									
7									
8									
9									
10									

Use logic to complete each puzzle.

1		3	4		6	7		9	10
21		23	24		26	27		29	30
41		43	44		46	47		49	50
61		63	64		66	67		69	70
81		83	84		86	87		89	90

Complete the Multiplication Table

	2	3	4	5	6	7	8	9	10
2									
3									
4									
5									
6									
7									
8									
9									
10									

Use logic to complete each puzzle.

Complete the Multiplication Table

	2	3	4	5	6	7	8	9	10
2									
3									
4									
5									
6									
7									
8									
9									
10									

Use logic to complete each puzzle.

1	2	3	4		6	7	8	9	10
2	4	6	8		12	14	16	18	20
3	6	9	12		18	21	24	27	30
4	8	12	16		24	28	32	36	40
6	12	18	24		36	42	48	54	60
7	14	21	28		42	49	56	63	70
8	16	24	32		48	56	64	72	80
9	18	27	36		54	63	72	81	90
10	20	30	40		60	70	80	90	100

Complete the Multiplication Table

	2	3	4	5	6	7	8	9	10
2									
3									
4									
5									
6									
7									
8									
9									
10									

Use logic to complete each puzzle.

Complete the Multiplication Table

	2	3	4	5	6	7	8	9	10
2									
3									
4									
5									
6									
7									
8									
9									
10									

Use logic to complete each puzzle.

1		3		5		7		9	
11	12	13	14	15	16	17	18	19	20
21	22	23	24	25	26	27	28	29	30
31		33		35		37		39	
41	42	43	44	45	46	47	48	49	50
51	52	53	54	55	56	57	58	59	60
61		63		65		67		69	
71	72	73	74	75	76	77	78	79	80
81	82	83	84	85	86	87	88	89	90
91		93		95		97		99	

Complete the Multiplication Table

	2	3	4	5	6	7	8	9	10
2									
3									
4									
5									
6									
7									
8									
9									
10									

Use logic to complete each puzzle.

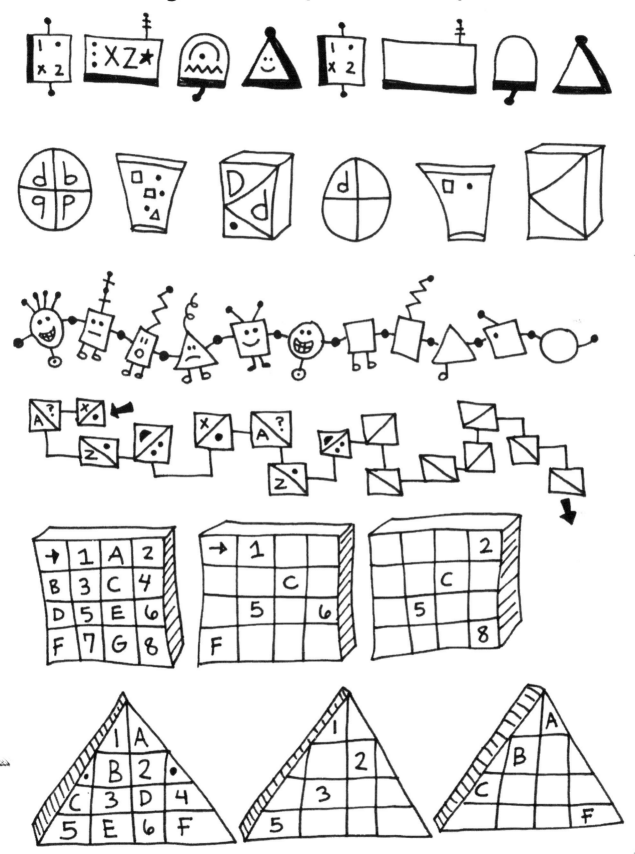

Complete the Multiplication Table

	2	3	4	5	6	7	8	9	10
2									
3									
4									
5									
6									
7									
8									
9									
10									

Use logic to complete each puzzle.

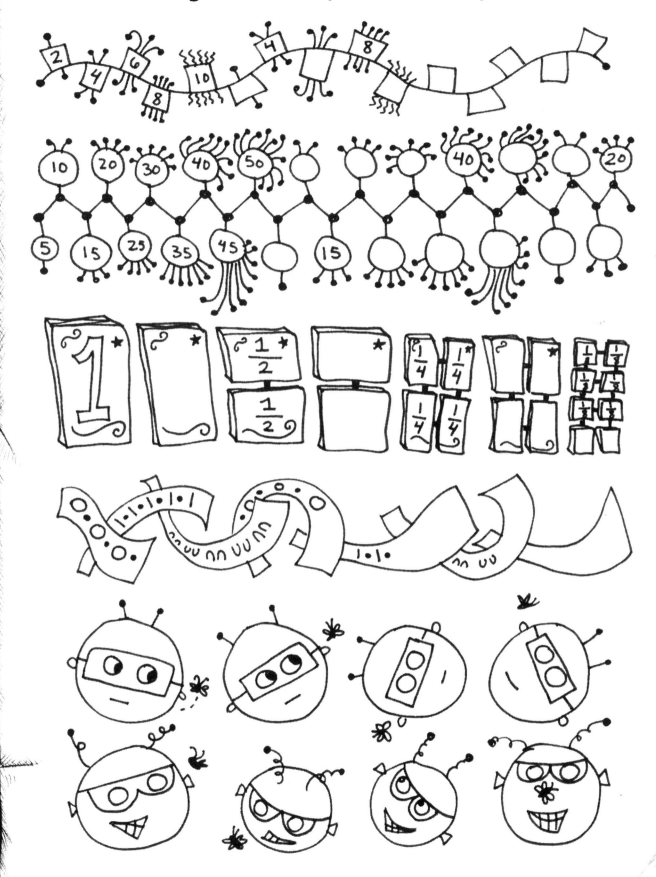

Complete the Multiplication Table

	2	3	4	5	6	7	8	9	10
2									
3									
4									
5									
6									
7									
8									
9									
10									

Use logic to complete each puzzle.

1	2	3		5	6	7	8	9	10
2	4	6		10	12	14	16	18	20
3	6	9		15	18	21	24	27	30
4	8	12		20	24	28	32	36	40
5	10	15		25	30	35	40	45	50
6	12	18		30	36	42	48	54	60
7	14	21		35	42	49	56	63	70
8	16	24		40	48	56	64	72	80
9	18	27		45	54	63	72	81	90
10	20	30		50	60	70	80	90	100

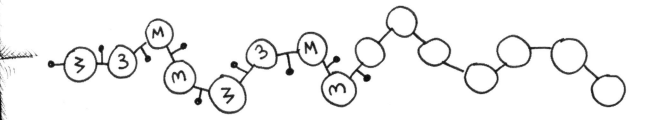

Complete the Multiplication Table

	2	3	4	5	6	7	8	9	10
2									
3									
4									
5									
6									
7									
8									
9									
10									

Use logic to complete each puzzle.

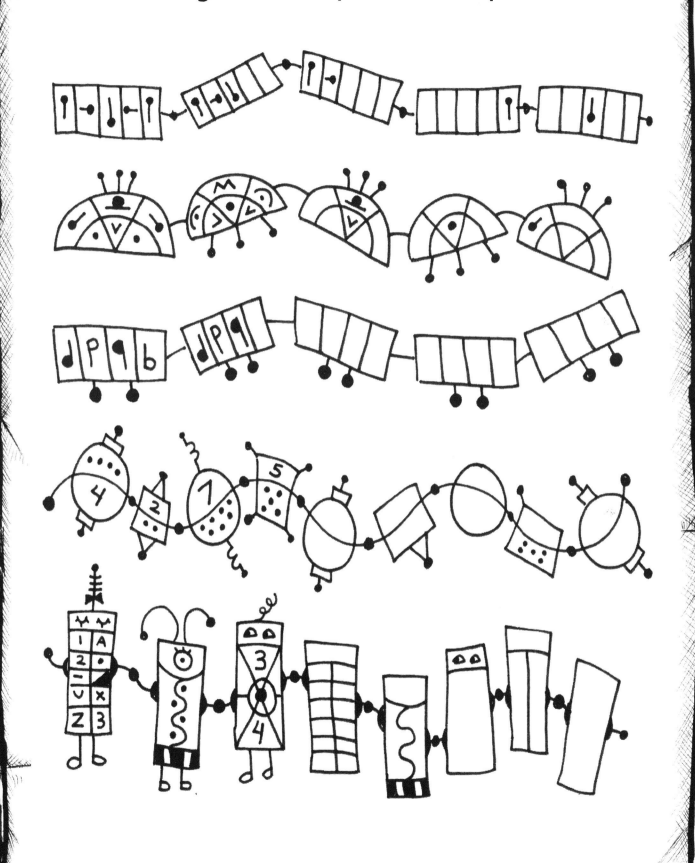

Complete the Multiplication Table

	2	3	4	5	6	7	8	9	10
2									
3									
4									
5									
6									
7									
8									
9									
10									

Use logic to complete each puzzle.

1		3		5		7		9	
21		23		25		27		29	
41		43		45		47		49	
61		63		65		67		69	
81		83		85		87		89	

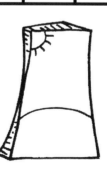

Complete the Multiplication Table

	2	3	4	5	6	7	8	9	10
2									
3									
4									
5									
6									
7									
8									
9									
10									

Use logic to complete each puzzle.

Complete the Multiplication Table

×	2	3	4	5	6	7	8	9	10
2									
3									
4									
5									
6									
7									
8									
9									
10									

Use logic to complete each puzzle.

	2	3	4	5	6	7	8	9	10
2		6	8	10	12	14	16	18	20
3	6		12	15	18	21	24	27	30
4	8	12		20	24	28	32	36	40
5	10	15	20		30	35	40	45	50
6	12	18	24	30		42	48	54	60
7	14	21	28	35	42		56	63	70
8	16	24	32	40	48	56		72	80
9	18	27	36	45	54	63	72		90
10	20	30	40	50	60	70	80	90	

Complete the Multiplication Table

	2	3	4	5	6	7	8	9	10
2									
3									
4									
5									
6									
7									
8									
9									
10									

Use logic to complete each puzzle.

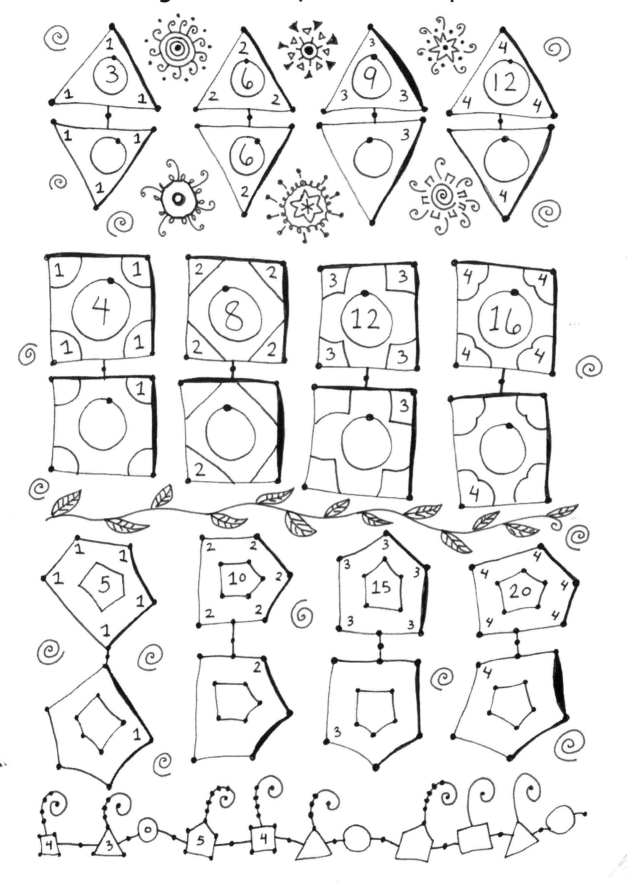

Complete the Multiplication Table

	2	3	4	5	6	7	8	9	10
2									
3									
4									
5									
6									
7									
8									
9									
10									

Use logic to complete each puzzle.

Complete the Multiplication Table

	2	3	4	5	6	7	8	9	10
2									
3									
4									
5									
6									
7									
8									
9									
10									

Use logic to complete each puzzle.

1		3	4	5	6	7	8	9	10
2		6	8	10	12	14	16	18	20
3		9	12	15	18	21	24	27	30
4		12	16	20	24	28	32	36	40
5		15	20	25	30	35	40	45	50
6		18	24	30	36	42	48	54	60
7		21	28	35	42	49	56	63	70
8		24	32	40	48	56	64	72	80
9		27	36	45	54	63	72	81	90
10		30	40	50	60	70	80	90	100

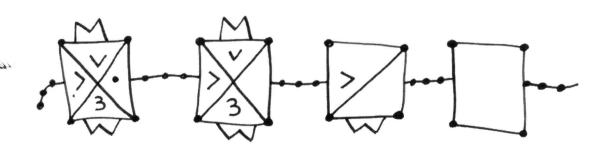

Complete the Multiplication Table

	2	3	4	5	6	7	8	9	10
2									
3									
4									
5									
6									
7									
8									
9									
10									

Use logic to complete each puzzle.

Complete the Multiplication Table

	2	3	4	5	6	7	8	9	10
2									
3									
4									
5									
6									
7									
8									
9									
10									

Use logic to complete each puzzle.

1	2	3	4	5	6	7	8	9	10
2	4	6	8	10	12	14	16	18	
3	6	9	12	15	18	21	24	27	
4	8	12	16		24	28	32	36	40
5	10	15		25		35	40	45	50
6	12	18	24		36	42	48	54	60
7	14	21	28	35	42	49	56	63	70
8	16	24	32	40	48	56	64	72	80
9	18	27	36	45	54	63	72	81	90
10			40	50	60	70	80	90	100

Complete the Multiplication Table

	2	3	4	5	6	7	8	9	10
2									
3									
4									
5									
6									
7									
8									
9									
10									

Use logic to complete each puzzle.

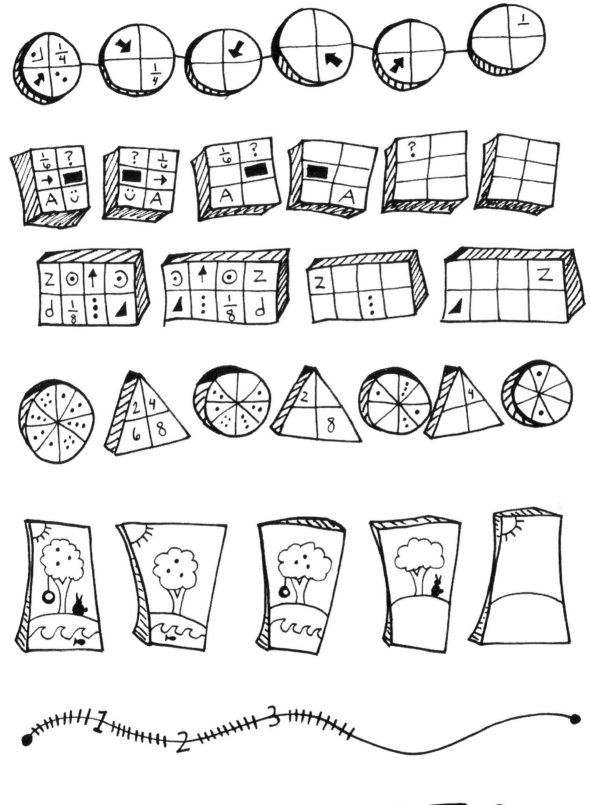

Complete the Multiplication Table

	2	3	4	5	6	7	8	9	10
2									
3									
4									
5									
6									
7									
8									
9									
10									

Use logic to complete each puzzle.

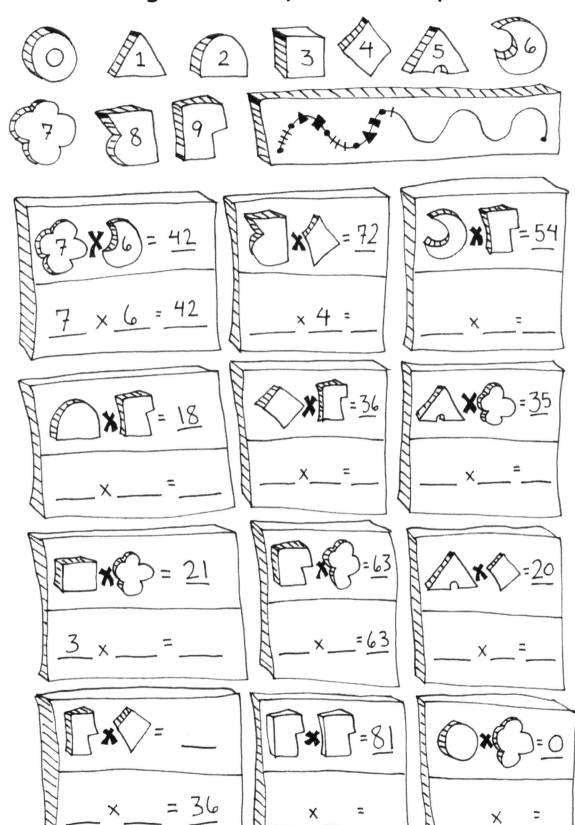

Complete the Multiplication Table

	2	3	4	5	6	7	8	9	10
2									
3									
4									
5									
6									
7									
8									
9									
10									

Use logic to complete each puzzle.

1	2	3	4	5	6	7	8	9	10
21	22	23	24	25	26	27	28	29	30
41	42	43	44	45	46	47	48	49	50
61	62	63	64	65	66	67	68	69	70
81	82	83	84	85	86	87	88	89	90

  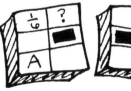

Complete the Multiplication Table

	2	3	4	5	6	7	8	9	10
2									
3									
4									
5									
6									
7									
8									
9									
10									

Use logic to complete each puzzle.

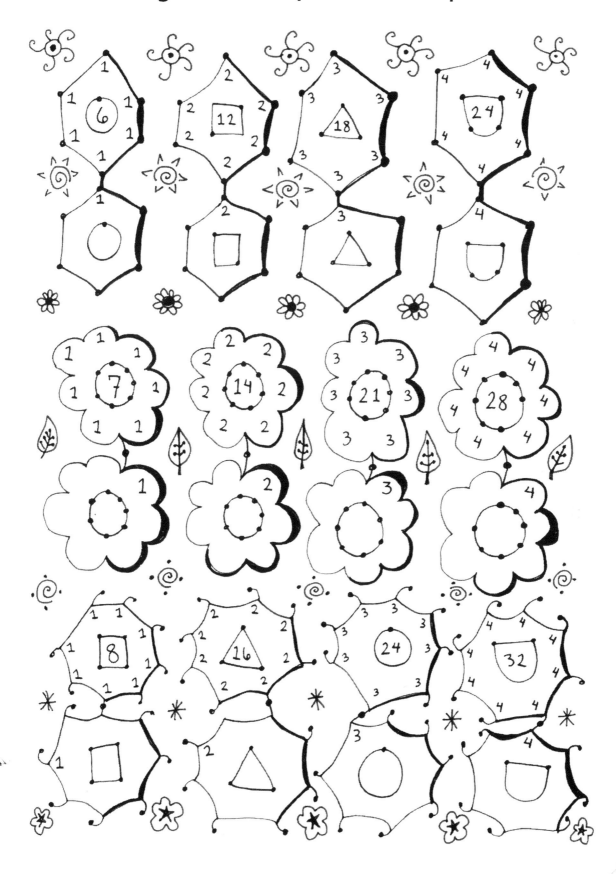

Complete the Multiplication Table

	2	3	4	5	6	7	8	9	10
2									
3									
4									
5									
6									
7									
8									
9									
10									

Use logic to complete each puzzle.

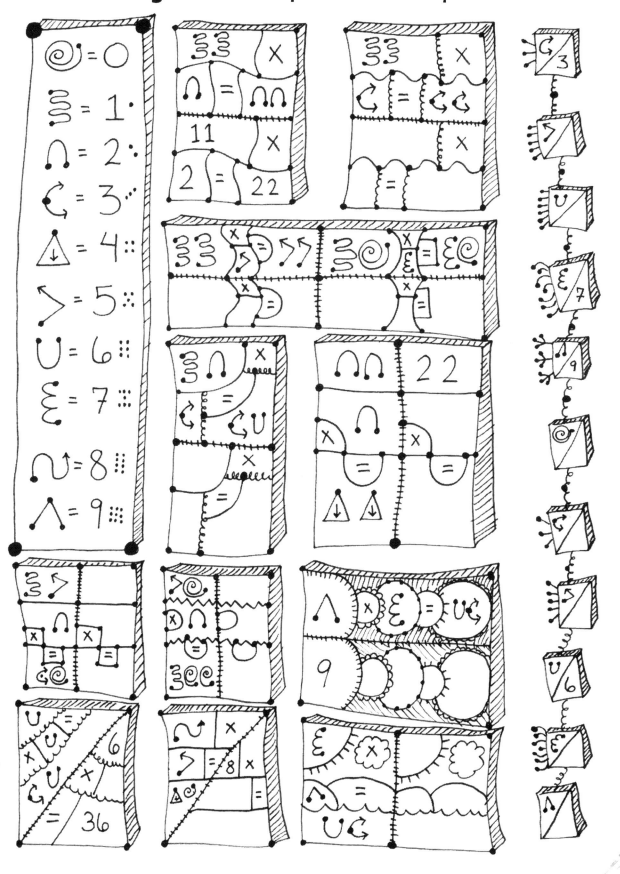

Complete the Multiplication Table

	2	3	4	5	6	7	8	9	10
2									
3									
4									
5									
6									
7									
8									
9									
10									

Use logic to complete each puzzle.

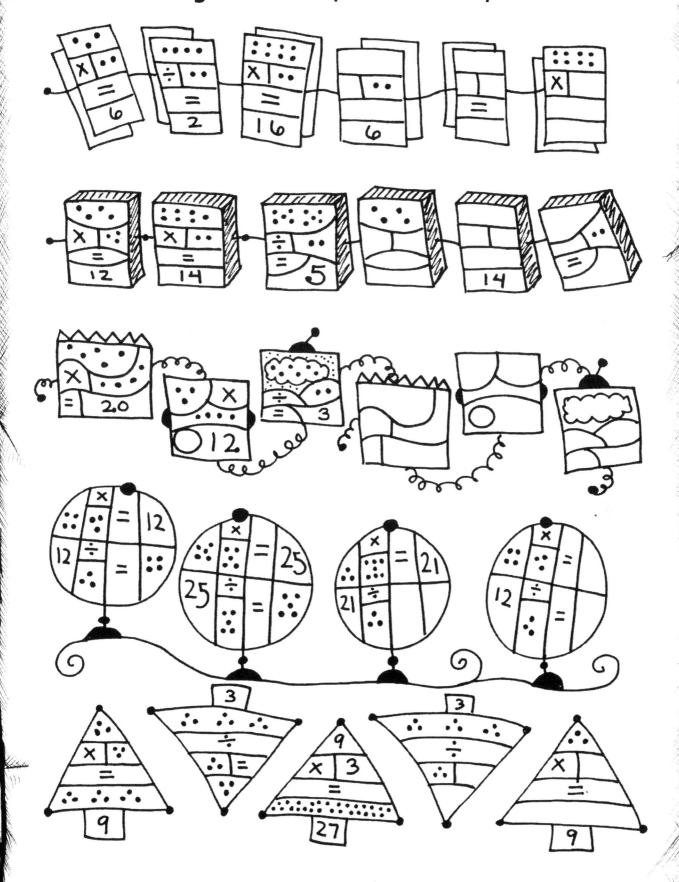

Complete the Multiplication Table

	2	3	4	5	6	7	8	9	10
2									
3									
4									
5									
6									
7									
8									
9									
10									

Use logic to complete each puzzle.

1		3		5		7		9	
11		13		15		17		19	
21		23		25		27		29	
31		33		35		37		39	
41		43		45		47		49	
51		53		55		57		59	
61		63		65		67		69	
71		73		75		77		79	
81		83		85		87		89	
91		93		95		97		99	

    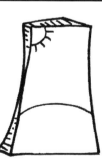

Complete the Multiplication Table

	2	3	4	5	6	7	8	9	10
2									
3									
4									
5									
6									
7									
8									
9									
10									

Use logic to complete each puzzle.

Complete the Multiplication Table

	2	3	4	5	6	7	8	9	10
2									
3									
4									
5									
6									
7									
8									
9									
10									

Use logic to complete each puzzle.

1	2	3	4	5	6	7	8	9	10
3	6	9	12	15	18	21	24	27	
5	10	15		25		35	40	45	50
7	14	21	28	35	42	49	56	63	70
9	18	27	36	45	54	63	72	81	90

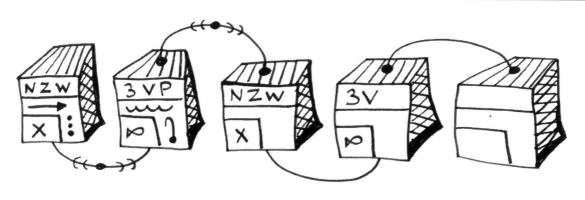

Complete the Multiplication Table

	2	3	4	5	6	7	8	9	10
2									
3									
4									
5									
6									
7									
8									
9									
10									

Use logic to complete each puzzle.

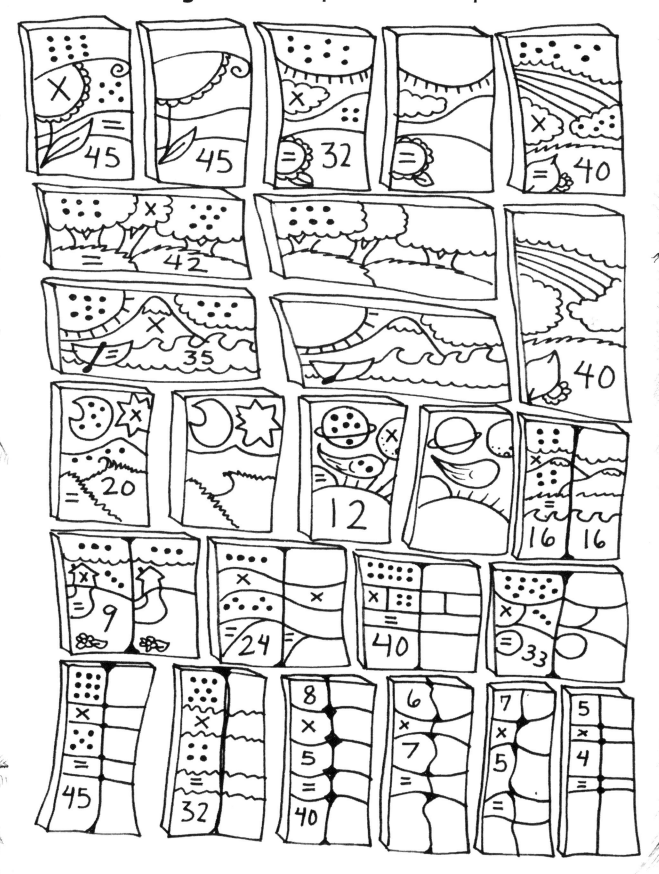

Complete the Multiplication Table

	2	3	4	5	6	7	8	9	10
2									
3									
4									
5									
6									
7									
8									
9									
10									

Use logic to complete each puzzle.

1		3	4		6	7	8	9	10
3		9	12		18	21	24	27	
5		15		25		35	40	45	50
7		21	28	35	42	49		63	70
9		27	36	45	54	63		81	90

Complete the Multiplication Table

	2	3	4	5	6	7	8	9	10
2									
3									
4									
5									
6									
7									
8									
9									
10									

Use logic to complete each puzzle.

Complete the Multiplication Table

	2	3	4	5	6	7	8	9	10
2									
3									
4									
5									
6									
7									
8									
9									
10									

Use logic to complete each puzzle.

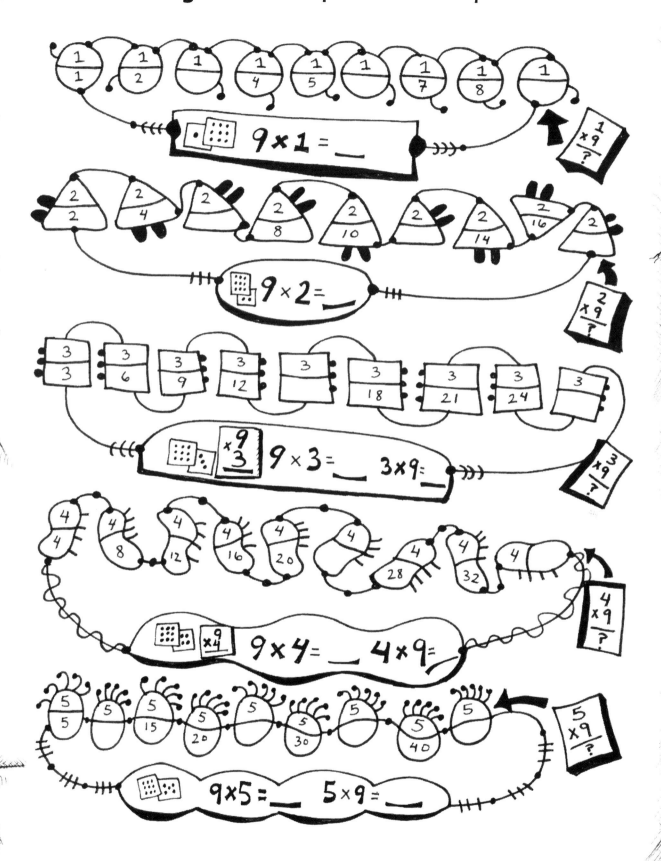

Complete the Multiplication Table

	2	3	4	5	6	7	8	9	10
2									
3									
4									
5									
6									
7									
8									
9									
10									

Use logic to complete each puzzle.

1	2	3	4	5		7	8	9	10
2	4	6	8	10		14	16	18	20
4	8	12	16	20		28	32	36	40
5	10	15	20	25		35	40	45	50
7	14	21	28	35		49	56	63	70
8	16	24	32	40		56	64	72	80
10	20	30	40	50		70	80	90	100

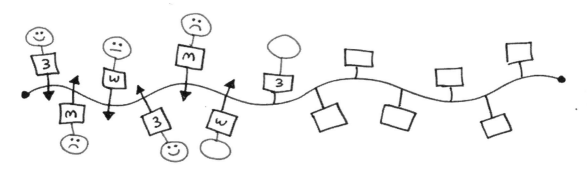

Complete the Multiplication Table

	2	3	4	5	6	7	8	9	10
2									
3									
4									
5									
6									
7									
8									
9									
10									

Use logic to complete each puzzle.

1	2	3		5	6		8	9	10
11	12	13		15	16		18	19	20
31	32	33		35	36		38	39	40
41	42	43		45	46		48	49	50
51	52	53		55	56		58	59	60
71	72	73		75	76		78	79	80
81	82	83		85	86		88	89	90
91	92	93		95	96		98	99	100

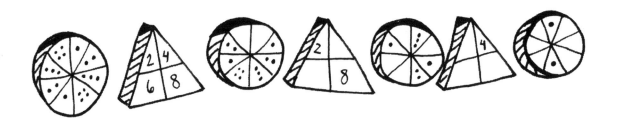

Complete the Multiplication Table

	2	3	4	5	6	7	8	9	10
2									
3									
4									
5									
6									
7									
8									
9									
10									

Use logic to complete each puzzle.

Complete the Multiplication Table

	2	3	4	5	6	7	8	9	10
2									
3									
4									
5									
6									
7									
8									
9									
10									

Use logic to complete each puzzle.

	2	3	4	5	6	7	8	9	10
2	4	6	8	10	12	14	16	18	
3	6		12	15	18	21	24	27	
4	8	12	16		24	28	32	36	40
5	10	15							50
6	12	18	24						60
7	14	21	28						70
8	16	24	32						80
9	18	27	36						90
10			40	50	60	70	80	90	100

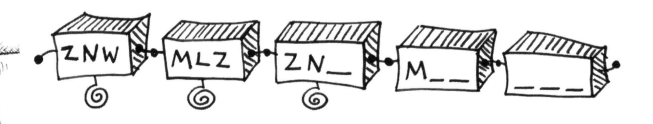

ZNW   MLZ   ZN_   M___   ____

Complete the Multiplication Table

	2	3	4	5	6	7	8	9	10
2									
3									
4									
5									
6									
7									
8									
9									
10									

Multiplication Practice

Use a calculator to find your answers.

1x0=	1x2=	1x3=	1x4=
1x5=	1x6=	1x7=	1x8=
1x9=	1x10=	1x11=	1x12=
1x20=	1x25	1x50=	1x15=

Complete the Multiplication Table

	2	3	4	5	6	7	8	9	10
2									
3									
4									
5									
6									
7									
8									
9									
10									

Multiplication Practice

Use a calculator to find your answers.

2x0=	2x2=	2x3=	2x4=
2x5=	2x6=	2x7=	2x8=
2x9=	2x10=	2x11=	2x12=
2x20=	2x25	2x50=	2x15=

Complete the Multiplication Table

	2	3	4	5	6	7	8	9	10
2									
3									
4									
5									
6									
7									
8									
9									
10									

Multiplication Practice

Use a calculator to find your answers.

3x0=	3x2=	3x3=	3x4=
3x5=	3x6=	3x7=	3x8=
3x9=	3x10=	3x11=	3x12=
3x20=	3x25	3x50=	3x15=

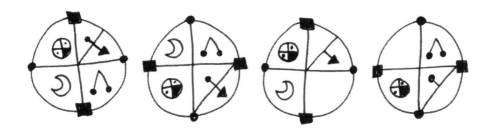

Copyright 2014 The Thinking Tree LLC - DyslexiaGames.com - Series C - Book 6

Complete the Multiplication Table

	2	3	4	5	6	7	8	9	10
2									
3									
4									
5									
6									
7									
8									
9									
10									

Multiplication Practice

Use a calculator to find your answers.

4x0=	4x2=	4x3=	4x4=
4x5=	4x6=	4x7=	4x8=
4x9=	4x10=	4x11=	4x12=
4x20=	4x25	4x50=	4x15=

Copyright 2014 The Thinking Tree LLC - DyslexiaGames.com - Series C - Book 6

Complete the Multiplication Table

	2	3	4	5	6	7	8	9	10
2									
3									
4									
5									
6									
7									
8									
9									
10									

Multiplication Practice

Use a calculator to find your answers.

5x0=	5x2=	5x3=	5x4=
5x5=	5x6=	5x7=	5x8=
5x9=	5x10=	5x11=	5x12=
5x20=	5x25	5x50=	5x15=

Complete the Multiplication Table

	2	3	4	5	6	7	8	9	10
2									
3									
4									
5									
6									
7									
8									
9									
10									

Multiplication Practice

Use a calculator to find your answers.

6x0=	6x2=	6x3=	6x4=
6x5=	6x6=	6x7=	6x8=
6x9=	6x10=	6x11=	6x12=
6x20=	6x25	6x50=	6x15=

Complete the Multiplication Table

	2	3	4	5	6	7	8	9	10
2									
3									
4									
5									
6									
7									
8									
9									
10									

Multiplication Practice

Use a calculator to find your answers.

7x0=	7x2=	7x3=	7x4=
7x5=	7x6=	7x7=	7x8=
7x9=	7x10=	7x11=	7x12=
7x20=	7x25	7x50=	7x15=

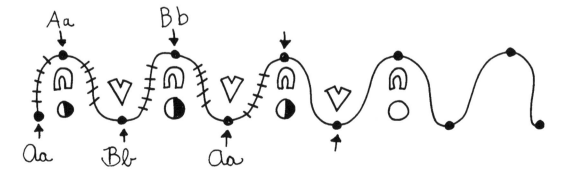

Complete the Multiplication Table

	2	3	4	5	6	7	8	9	10
2									
3									
4									
5									
6									
7									
8									
9									
10									

Multiplication Practice

Use a calculator to find your answers.

8x0=	8x2=	8x3=	8x4=
8x5=	8x6=	8x7=	8x8=
8x9=	8x10=	8x11=	8x12=
8x20=	8x25	8x50=	8x15=

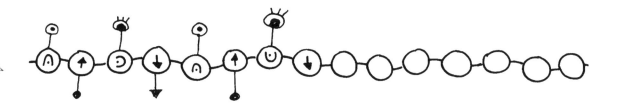

Complete the Multiplication Table

	2	3	4	5	6	7	8	9	10
2									
3									
4									
5									
6									
7									
8									
9									
10									

Multiplication Practice

Use a calculator to find your answers.

9x0=	9x2=	9x3=	9x4=
9x5=	9x6=	9x7=	9x8=
9x9=	9x10=	9x11=	9x12=
9x20=	9x25	9x50=	9x15=

Complete the Multiplication Table

	2	3	4	5	6	7	8	9	10
2									
3									
4									
5									
6									
7									
8									
9									
10									

Multiplication Practice

Use a calculator to find your answers.

10x0=	10x2=	10x3=	10x4=
10x5=	10x6=	10x7=	10x8=
10x9=	10x10=	10x11=	10x12=
10x20=	10x25	10x50=	10x15=

Complete the Multiplication Table

	2	3	4	5	6	7	8	9	10
2									
3									
4									
5									
6									
7									
8									
9									
10									

Multiplication Practice

Use a calculator to find your answers.

11x0=	11x2=	11x3=	11x4=
11x5=	11x6=	11x7=	11x8=
11x9=	11x10=	11x11=	11x12=
11x20=	11x25	11x50=	11x15=

Complete the Multiplication Table

	2	3	4	5	6	7	8	9	10
2									
3									
4									
5									
6									
7									
8									
9									
10									

Multiplication Practice

Use a calculator to find your answers.

12x0=	12x2=	12x3=	12x4=
12x5=	12x6=	12x7=	12x8=
12x9=	12x10=	12x11=	12x12=
12x20=	12x25	12x50=	12x15=

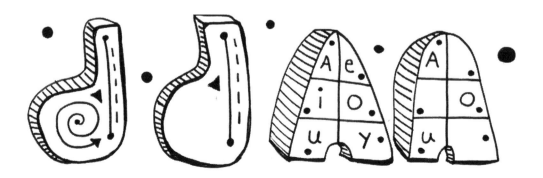

Complete the Multiplication Table

	2	3	4	5	6	7	8	9	10
2									
3									
4									
5									
6									
7									
8									
9									
10									

Multiplication Practice

Use a calculator to find your answers.

25x0=	25x2=	25x3=	25x4=
25x5=	25x6=	25x7=	25x8=
25x9=	25x10=	25x11=	25x12=
25x20=	25x25	25x50=	25x15=

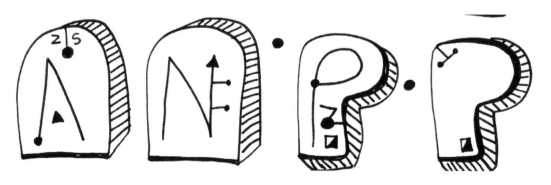

Complete the Multiplication Table

	2	3	4	5	6	7	8	9	10
2									
3									
4									
5									
6									
7									
8									
9									
10									

Multiplication Practice

Use a calculator to find your answers.

50x0=	50x2=	50x3=	50x4=
50x5=	50x6=	50x7=	50x8=
50x9=	50x10=	50x11=	50x12=
50x20=	50x25	50x50=	50x15=

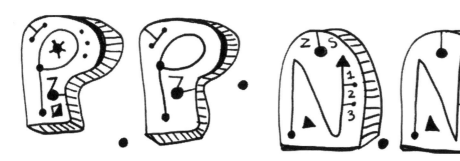

Complete the Multiplication Table

	2	3	4	5	6	7	8	9	10
2									
3									
4									
5									
6									
7									
8									
9									
10									

Multiplication Practice

Use a calculator to find your answers.

100x2=	100x2=	100x3=	100x4=
100x5=	100x6=	100x7=	100x8=
100x9=	100x10=	100x11=	100x12=
100x20=	100x25	100x50=	100x15=

Complete the Multiplication Table

	2	3	4	5	6	7	8	9	10
2									
3									
4									
5									
6									
7									
8									
9									
10									

Complete the Multiplication Table

	2	3	4	5	6	7	8	9	10
2									
3									
4									
5									
6									
7									
8									
9									
10									

Complete the Multiplication Table

	2	3	4	5	6	7	8	9	10
2									
3									
4									
5									
6									
7									
8									
9									
10									

Complete the Multiplication Table

	2	3	4	5	6	7	8	9	10
2									
3									
4									
5									
6									
7									
8									
9									
10									

Complete the Multiplication Table

	2	3	4	5	6	7	8	9	10
2									
3									
4									
5									
6									
7									
8									
9									
10									

Complete the Multiplication Table

	2	3	4	5	6	7	8	9	10
2									
3									
4									
5									
6									
7									
8									
9									
10									

Complete the Multiplication Table

	2	3	4	5	6	7	8	9	10
2									
3									
4									
5									
6									
7									
8									
9									
10									

Complete the Multiplication Table

	2	3	4	5	6	7	8	9	10
2									
3									
4									
5									
6									
7									
8									
9									
10									

Complete the Multiplication Table

	2	3	4	5	6	7	8	9	10
2									
3									
4									
5									
6									
7									
8									
9									
10									

Complete the Multiplication Table

	2	3	4	5	6	7	8	9	10
2									
3									
4									
5									
6									
7									
8									
9									
10									

Complete the Multiplication Table

	2	3	4	5	6	7	8	9	10
2									
3									
4									
5									
6									
7									
8									
9									
10									

Complete the Multiplication Table

	2	3	4	5	6	7	8	9	10
2									
3									
4									
5									
6									
7									
8									
9									
10									

Complete the Multiplication Table

	2	3	4	5	6	7	8	9	10
2									
3									
4									
5									
6									
7									
8									
9									
10									

Complete the Multiplication Table

	2	3	4	5	6	7	8	9	10
2									
3									
4									
5									
6									
7									
8									
9									
10									

Complete the Multiplication Table

	2	3	4	5	6	7	8	9	10
2									
3									
4									
5									
6									
7									
8									
9									
10									

Complete the Multiplication Table

	2	3	4	5	6	7	8	9	10
2									
3									
4									
5									
6									
7									
8									
9									
10									

Complete the Multiplication Table

	2	3	4	5	6	7	8	9	10
2									
3									
4									
5									
6									
7									
8									
9									
10									

Complete the Multiplication Table

	2	3	4	5	6	7	8	9	10
2									
3									
4									
5									
6									
7									
8									
9									
10									

Complete the Multiplication Table

	2	3	4	5	6	7	8	9	10
2									
3									
4									
5									
6									
7									
8									
9									
10									

Use logic to complete each puzzle.

	2	3	4	5	6	7	8	9	10
2	4	6	8	10	12	14	16	18	
3	6		12	15	18	21	24	27	
4	8	12	16		24	28	32	36	40
5	10	15							50
6	12	18	24						60
7	14	21	28						70
8	16	24	32						80
9	18	27	36						90
10			40	50	60	70	80	90	100

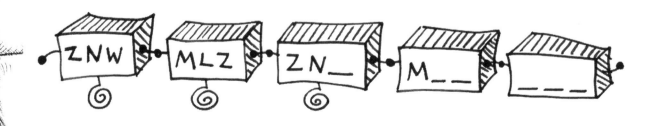

Complete the Multiplication Table

	2	3	4	5	6	7	8	9	10
2									
3									
4									
5									
6									
7									
8									
9									
10									

Complete the Multiplication Table

	2	3	4	5	6	7	8	9	10
2									
3									
4									
5									
6									
7									
8									
9									
10									

Complete the Multiplication Table

×	2	3	4	5	6	7	8	9	10
2									
3									
4									
5									
6									
7									
8									
9									
10									

Complete the Multiplication Table

	2	3	4	5	6	7	8	9	10
2									
3									
4									
5									
6									
7									
8									
9									
10									

Complete the Multiplication Table

	2	3	4	5	6	7	8	9	10
2									
3									
4									
5									
6									
7									
8									
9									
10									

Complete the Multiplication Table

	2	3	4	5	6	7	8	9	10
2									
3									
4									
5									
6									
7									
8									
9									
10									

Complete the Multiplication Table

	2	3	4	5	6	7	8	9	10
2									
3									
4									
5									
6									
7									
8									
9									
10									

Complete the Multiplication Table

	2	3	4	5	6	7	8	9	10
2									
3									
4									
5									
6									
7									
8									
9									
10									

Complete the Multiplication Table

	2	3	4	5	6	7	8	9	10
2									
3									
4									
5									
6									
7									
8									
9									
10									

Complete the Multiplication Table

	2	3	4	5	6	7	8	9	10
2									
3									
4									
5									
6									
7									
8									
9									
10									

Complete the Multiplication Table

	2	3	4	5	6	7	8	9	10
2									
3									
4									
5									
6									
7									
8									
9									
10									

Complete the Multiplication Table

	2	3	4	5	6	7	8	9	10
2									
3									
4									
5									
6									
7									
8									
9									
10									

Complete the Multiplication Table

	2	3	4	5	6	7	8	9	10
2									
3									
4									
5									
6									
7									
8									
9									
10									

Complete the Multiplication Table

	2	3	4	5	6	7	8	9	10
2									
3									
4									
5									
6									
7									
8									
9									
10									

Complete the Multiplication Table

	2	3	4	5	6	7	8	9	10
2									
3									
4									
5									
6									
7									
8									
9									
10									

Complete the Multiplication Table

	2	3	4	5	6	7	8	9	10
2									
3									
4									
5									
6									
7									
8									
9									
10									

Complete the Multiplication Table

	2	3	4	5	6	7	8	9	10
2									
3									
4									
5									
6									
7									
8									
9									
10									

Use logic to complete each puzzle.

	2	3	4	5	6	7	8	9	10
2	4	6	8	10	12	14	16	18	
3	6		12	15	18	21	24	27	
4	8	12	16		24	28	32	36	40
5	10	15							50
6	12	18	24						60
7	14	21	28						70
8	16	24	32						80
9	18	27	36						90
10			40	50	60	70	80	90	100

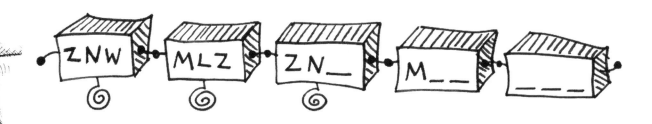

Complete the Multiplication Table

	2	3	4	5	6	7	8	9	10
2									
3									
4									
5									
6									
7									
8									
9									
10									

Use logic to complete each puzzle.

	2	3	4	5	6	7	8	9	10
2	4	6	8	10	12	14	16	18	
3	6		12	15	18	21	24	27	
4	8	12	16		24	28	32	36	40
5	10	15							50
6	12	18	24						60
7	14	21	28						70
8	16	24	32						80
9	18	27	36						90
10			40	50	60	70	80	90	100

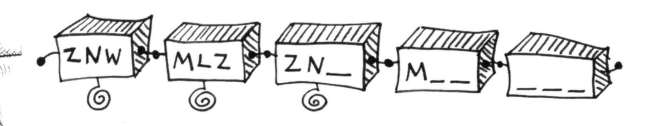

Complete the Multiplication Table

	2	3	4	5	6	7	8	9	10
2									
3									
4									
5									
6									
7									
8									
9									
10									

Complete the Multiplication Table

	2	3	4	5	6	7	8	9	10
2									
3									
4									
5									
6									
7									
8									
9									
10									

Complete the Multiplication Table

	2	3	4	5	6	7	8	9	10
2									
3									
4									
5									
6									
7									
8									
9									
10									

Use logic to complete each puzzle.

	2	3	4	5	6	7	8	9	10
2	4	6	8	10	12	14	16	18	
3	6		12	15	18	21	24	27	
4	8	12	16		24	28	32	36	40
5	10	15							50
6	12	18	24						60
7	14	21	28						70
8	16	24	32						80
9	18	27	36						90
10			40	50	60	70	80	90	100

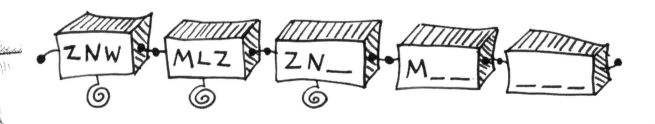

Complete the Multiplication Table

	2	3	4	5	6	7	8	9	10
2									
3									
4									
5									
6									
7									
8									
9									
10									

Complete the Multiplication Table

	2	3	4	5	6	7	8	9	10
2									
3									
4									
5									
6									
7									
8									
9									
10									

Complete the Multiplication Table

	2	3	4	5	6	7	8	9	10
2									
3									
4									
5									
6									
7									
8									
9									
10									

Complete the Multiplication Table

	2	3	4	5	6	7	8	9	10
2									
3									
4									
5									
6									
7									
8									
9									
10									

Complete the Multiplication Table

	2	3	4	5	6	7	8	9	10
2									
3									
4									
5									
6									
7									
8									
9									
10									

Complete the Multiplication Table

	2	3	4	5	6	7	8	9	10
2									
3									
4									
5									
6									
7									
8									
9									
10									

Complete the Multiplication Table

	2	3	4	5	6	7	8	9	10
2									
3									
4									
5									
6									
7									
8									
9									
10									

Use logic to complete each puzzle.

	2	3	4	5	6	7	8	9	10
2	4	6	8	10	12	14	16	18	
3	6		12	15	18	21	24	27	
4	8	12	16		24	28	32	36	40
5	10	15							50
6	12	18	24						60
7	14	21	28						70
8	16	24	32						80
9	18	27	36						90
10			40	50	60	70	80	90	100

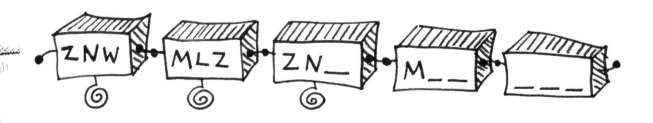

Complete the Multiplication Table

	2	3	4	5	6	7	8	9	10
2									
3									
4									
5									
6									
7									
8									
9									
10									

Complete the Multiplication Table

	2	3	4	5	6	7	8	9	10
2									
3									
4									
5									
6									
7									
8									
9									
10									

Made in the USA
San Bernardino, CA
08 February 2017